知识的大苹果　小苹果丛书
Les Éditions Le Pommier

化学到底
可以走多远

De la Joconde aux textes ADN,
jusqu'où ira la chimie?

[法] 斯特凡·萨·拉德 著

葛金玲 孟新月 译

U0198461

上海科学技术文献出版社
Shanghai Scientific and Technological Literature Press

目 录

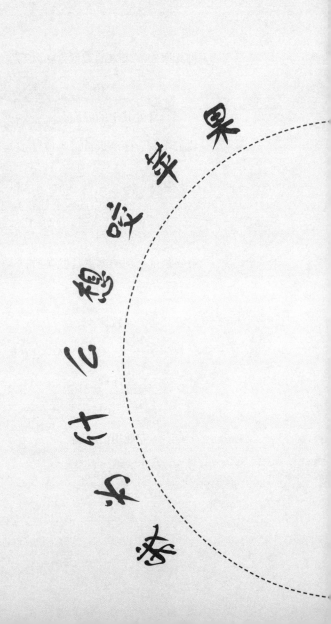

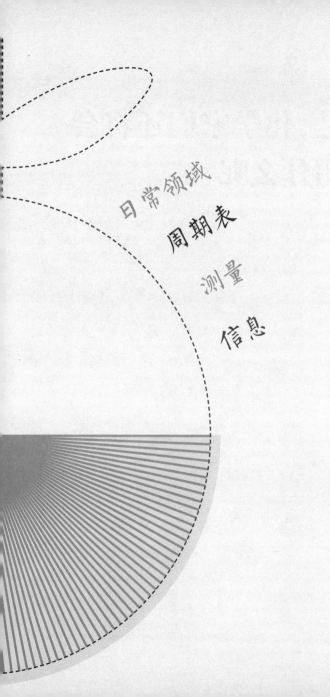

日常领域

周期表

测量

信息

但是，化学家们还将会发明什么呢

科学的进步，尤其是化学的进步，让人类更好地认识和理解自身的作用，以及所生活的或近或远的环境的作用。

然而，没有什么东西我们可以完全获得。作为研究员，我很容易想象化学家会在自己研究的学科领域走得更远，但这并不简单，因为化学是一个包含多种科学、千变万化的学科。并且，即使化学知识不断地丰富，仍会出现矛盾性。化学既是我们日常生活不可或缺的一部分，又有着让人讨厌的一面：化学越多地进入我们的生活，我们就越不喜欢它，因为我们会认为它的侵入性有些过强，甚至有时会认为它在以一种阴险的方式毒害人。

在接下来的几页里，我希望能给你们带来更多有关化学的思考，但这几页的目的不在于给大家概括这一科学是什么或将会变成什么，我也确实没有能力对这一方面进行详细的说明，可是我还是想要谈论一下有关化学的很多方面。

　　因为这些方面不仅融合了科学、现有的和即将到来的新事物，还有社会问题。我不擅长欣赏音乐，很少能对爵士乐产生零星的爱好，但是也会欣赏，也会产生一些想法，而我没有接受过任何音乐教育，除了在初中被要求上过有关笛子的课之外。科学也是如此：即使你们没有接受过科学方面的教育，也能并且应该对科学是什么及在社会中占据的位置有一定的想法。当然，不知不觉中你们也会花时间有目的地对科学内容及科学研究过程进行了解。

　　在我大学学习期间，我并没有对门捷列夫所设想的元素周期表或是对克雷布斯生化循环感到很惊讶，但有一个问题一直纠缠着我：

　　研究员们是怎么区分、辨认这些如此复杂的化学元素及分子并描述它们的特征呢？答案就在分析化学这门课里。这门很难理解的课就像是普莱维特罗列的技术一样：色度法、色谱法、测谱术、衍射术、荧光法……我有意避开这些之后，在一个偶然事件深入我脑海的时候，我获得了从未有过的自由。我想起了几年之前，有一个原子能及替代能源署研究所：萨克雷中心的物理化学研究所钻研分析化学领域。我的研究员同事们充满耐心及对这一学科的热爱，让我相信这个科学领域的重大影响，它会完全影响到化学的未来，也许是长期的，也许是短期的。实时地甚至可以描述一个化学反应器内部分子的存在以及对它潜在毒性进行估计，这些事实上是绿色化学也被叫做"可持续化学"的重要基础之一。除了发现定制定量的化学分析是所有化学研究工作之外，我发现尤其在日常生活的世界里存在丰富的、让人难以置信的各种水平的该学科现象。

因为分析化学能回答以下问题:

· 是不是家里最小的孩子缺铁就会贫血?

· 挂在贝姨家客厅墙上的果壳是伦勃朗的真迹吗?

· 于勒叔叔会不会在刚下过雨后,吃完饭去乘坐飞行器呢?

· 花园深处井里的水可以喝吗,可以浇西红柿吗?

· 对于星期日晚上美剧的怀疑是不是没有道理的?

这些非常具体的问题加强了我们与这种化学的联系,它是以消除化学元素及分子,赶走同位素为使命的,所有的这些会在物质的不同状态中体现为固体、液体、气体，但浓度有时是难以置信的小。化学家们发明越来越复杂的工具，在越来越复杂的系统里研究和理解物质，突破分子探测极限，这些就是2014年诺贝尔化学奖获得者艾力克·贝齐格、威廉姆·莫尔纳尔、斯特凡·赫尔已经做过的事情。

他们突破了光学显微的极限，超越分辨率的理论障碍，开辟了一条"纳米显微学"的道路，也就是说用显微镜能够看到一纳米大的分子，要知道一纳米只有十亿分之一米那么大！

我们会看得更远点，就是化学家们现在能在很多捆干草里找到针，可以在地球上也可以在火星或者远离银河系的一个点上做到这一点。那么结果会是什么呢？

我们能在分析里
保持测量的
意义吗

化学知识的发展与新兴科技的进步，使我们能对未来进行设想，那时候我们可以通过对在市场买的食物污染程度，以及客厅里空气质量等级的精确估算，检测、控制、分析、评价我们的健康状况。

　　我们不能忘了，在历史上，化学分析为化学领域、物理领域、生物领域和医学领域的科学大发现做出了贡献，这些贡献通过多种诺贝尔奖的授予而被人们认可。举个例子来说，美国化学家利比因发现了碳14的测年技术获得了1960年的诺贝尔化学奖。

　　作为一名研究员，想象化学在分析方面会发展到哪一步让我充满动力，因为这会开启宏观应用的领域。但这一定会引起一个更大的问题：我们如果太想对所有东西进行测量，会不会失去测量的意义呢？因为我们没有经过思考，而是花费大量的时间去测量，特别是温度：家里的温度，花园里的温度，我们车里的温度，浴缸和游泳池的温度，烤炉或是水壶的温度（这个温度在为家里最小的孩子冲奶的时候用得到）。另外，仍然是关于温度的问题，在孩子长牙以及发烧时，需要用直肠温度计还是免接触的红外线温度计？年轻妈妈仍在寻找答案，但显而易见，答案就是尺度，用于测量的物体本来就有的，尤其是在它被校准的时候，我们会对它给予信任。温度很容易被理解，因为从很小的时候我们就本能地具有了"热、冷、温暖"的概念，但是相反的是，压力就不能很快地被理解，能做浓缩咖啡的意大利咖啡壶和汽车轮胎的压力，它们通过晦涩的测量单位表现出来，一瓶香槟的压力是 0.05 兆帕还是 500 万巴？

实际上，是 5 倍的大气压，这压力在瓶口的瓶塞里。因此，这表明了没有被掌握的测量单位是不能衡量一个数量级的。我的爸爸测量游泳池水 pH 值的时候，因为不是化学家，所以根本不知道这个化学测量单位表示的是什么意思。不过在 1 到 14 这个范围内，他知道应该把数值控制在 7 左右，这样孩子就可以游泳了。由此看来，在没有理解的情况下就开始测量是有可能的。

无论是什么，现在几乎都能被测量，首先说一说我们的健康状况。医生可以根据医学分析、血液和尿液分析开出诊断，设计治疗方案。纵观医学分析，能看到不同的指标：胆固醇、血糖……每一项指标通常以 X 值和 Y 值的形式表示出来。

这表明了每一个个体都是不同的，不存在绝对的数值；第二方面，这也表明了虽然化验室的仪器被校准过，但也不能提供绝对的数值，只能提供可信限内的数值，也叫做不确定域。

绝对的测量是真实生活中不存在的空想。然而，这也并不重要，它让我想起了一位法国谐星皮埃尔·达克的一个伟大思想："根据犯错误的人是否搞错了事物原理，错误会变得更加正确。"现在回到你的血糖，空腹的时候，正常情况下应是每升血液含有0.7~1.1克糖，但是如果你的血糖指数是0.6~1.2克呢，会发生什么呢？医生，这严重吗？不绝对是问题，这取决于你的年龄、重量和你的病史。以上说明化学指标只是一个信息。

只是当化学指标被放在它发展的特殊背景下的时候，它才会变成一种分析，实现它的所有价值。我决定调出我每年工作体检的血检结果，我的胆固醇和血糖指数奇迹般地下降了，但在年末聚餐之后，这些分析就没有意义了，了解这个是不需要有化学博士学位的。

所以指标难道就是一个绝对的信息吗？事实上，化学也是一样，在时空背景下测出的数据会导致错误的分析，即使我们有坚定的信念，也会导致对信息的恶意操作，我们会在后面的内容里看到上面提到的例子。现在应该更仔细看一下分析化学的应用，以便确定在我们的日常生活中，在我们没有意识到的情况下，它隐藏在哪里。

当然，我们要谈论健康和环境的领域，也要谈论欺诈，解决犯罪问题的方法，同时还有艺术史上的一些问题。

从蒙娜丽莎到基因测试，化学不停地给我们惊喜。

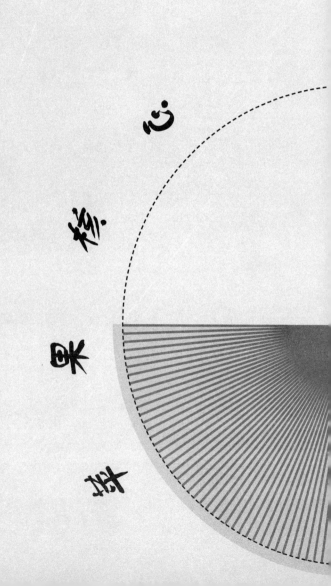

医学分析

基因测试

同位素

污染

轮廓模糊的绘画手法

什么时候化学会
用于我们的健康……

医学和药剂学之所以会成为分析化学的狂热信徒，是为了能生产更高效的药物，开出越来越详细的诊断，为了我们更大的财富。

生产新药物需要有适合做化学分析的有效成分，这是为了让我们在没有其他干扰分子的不良反应下吸收它们。

非专利药也是按照这个想法生产出来的，因为它需要有和原药一样的有效分子，一样的纯度，获得一样的治疗效果。同理，顺导药物也是一样。顺导是一种以相似规律和无限小剂量使用为基础的治疗方法。根据这个相似规律，所有可以给一个健康的人造成麻烦的物质同样也可以在一个人生病的时候使麻烦消失。顺导药物以有效分子以及碱性染料为基础，这些碱性染料是用令人惊奇的稀释水准做成溶液的。

比如说印有"9CH"的顺导药物表明主要成分酊剂的浓度被稀释成1%，继而是它九倍有效成分的数量。你们很容易想到，在给定了一个药丸的最终溶液中加入一块糖，那么有效成分的数量就极其微小，很难测量。然而这是化学家们应该做的，他们应该检查有效成分的存在，即使我们会提出关于在这个溶点有效分子效率的科学问题。在法国，顺导药物的销量很大，非常盈利。

除了供给量在持续增加的治疗分子，我们也可以借助多种医疗分析和其他检测。

我们的健康对我们来说是宝贵的，习惯上我们用分析保持健康，这些分析让医生更好地诊断我们的病情为我们治病。就像我们之前看到的，血液和尿液分析现在是现代医学的典型证明。医学化验室首先是化学化验室，对简单的化学元素进行分析，这些元素出自门捷列夫的周期表，为了测量铁元素、镁元素或钙元素的浓度，也对比较复杂的元素像尿素、蛋白质（尤其是酶）、脂类和糖类进行分析。这些化学元素和被测量的分子标志着我们的代谢以及随着时间的变化，身体机能在不断变化，因为我们在自然地变老。

有一个古老的传言说统治日本封建社会长达700年的日本武士每天早上习惯喝一点自己的尿，尿的状态和味道的变化会让武士们知道其健康状态和可能存在的健康问题。幸运的是，有了化学分析后，我们无需那样做，这也扩展到了全世界，尤其印度。现代医学分析让人惊奇的是，这些分析所必需的时间在继续缩短，虽然这些分析的数量在持续增加。所有的这些能帮助患者，尤其是慢性病患者，比如依赖胰岛素的患者，也就是I型糖尿病。胰岛素通常是由胰腺朗格汉斯小岛分泌的激素，代谢吃下的糖也就是说把它转成可逆转的糖原储存起来，以便我们的肌肉再次需要糖支撑来工作。

糖尿病患者产生很少的胰岛素，或者根本不能产生胰岛素，这会导致血液里的葡萄糖，也就是糖含量会很高。治疗 I 型糖尿病，只有一种疗法：永久地控制机体里糖的含量以便把它代谢掉，也就是说需要注射胰岛素。对于 II 型糖尿病，也叫做"肥胖糖尿病"，或者对于怀孕妇女的妊娠糖尿病来说，引起它们的原因是不同的，结果是相同的：在血液里有过多的糖。血糖仪可以测出糖含量，还有一些小巧易携带的检测系统也能测量糖含量，它们虽然复杂，但是非常容易操作，因为有些很不幸患上糖尿病的患儿也用它。

它是怎么运作的呢？血糖仪根据两种类型糖尿病的标准对一小滴血液进行分析，这滴血液一般是用采血仪从指尖提取出来的。

对于血糖试纸，血液滴在它的上面，会引起有颜色的化学反应，颜色的变化直接就是血糖比例。被校准之后，试纸就会对这样的颜色变化进行解释，最后显示出血糖值。更复杂的是电极血糖仪，它不用一次性试纸，血液滴到电极上引起电化学反应，产生微电流，电流的强度就是糖含量。这些仪器都是对一些信号进行解释，然后给出血糖值。

现如今，血糖仪与电脑相连能对一些变化进行数据上的跟踪与分析，解决所有问题。

一个依赖胰岛素的患者靠着化学分析长久地活着。在下一章里我们会看到为了使患者生活得轻松，我们期待着进一步的进展。

日常生活中更不常见的是被用于准妈妈们的排卵期测试和妊娠测试，排卵期测试不能改善生育能力，但是能在尿液中检测出促黄体生成素。女性在月经期间会产生脑下垂体激素，在排卵前的 24~48 小时浓度显著增加。花上几欧元，直观的尿检就可以确定排卵高峰期，也就是周期内生育能力最强的那个时期，可以增加怀孕概率。

只需要在被化学试剂浸湿的试纸上排尿，这个化学试剂与促黄体激素发生不同反应，同时会表现出不同的颜色。

鉴于产品的储存，这个测试的可信度为 90%，更好的方式是接下来要介绍的妊娠测试。这个测试大体上用的是一样的方法，有效率可达 99%，但是，这里的试纸是被另一种化学元素浸湿，这种化学元素是以另一种激素的形式存在于人体，即为人绒毛膜促性腺激素，是怀孕时特有的激素。

在这里，无论是你自己还是化验室的医学分析，对做出的医学分析进行详细的描述是没有问题的，因为它们大约有 200 种。而我们只对你检查过的各种分析中的主要方面进行说明，这样做是为了让医生能够更好地了解你的病情。

血液分析，或者血检是最为人所熟知的。实际上，血液是复杂的产物，由一种液体构成，就是血浆，血浆里有细胞、血球、血小板，还有一些重要的分子，比如激素、维生素和蛋白质。分析血液里存在的分子及其浓度以及凝固速度能够很好地说明你的机体是怎么运作的，而且可以通过确认你的血型和 rh 因子辨认出你。

血清学是血液特有的分析，它涉及血清分析，也就是由血浆去除纤维蛋白原后剩余的部分。可惜，在 20 世纪，血清学才变得很重要。

实际上，它是通过对血清里特殊抗体数量的测量估计，在免疫方面找到治病的方法。因此，借助细菌血清学和寄生血清学能够诊断梅毒或弓形虫病。病毒血清学帮助诊断甲肝、乙肝、丙肝，还有风疹和人类免疫缺陷病毒，不幸的是，这个病毒是很流行的艾滋病逆转录病毒。2014年，原子能与可替代能源委员会的马尔库尔中心提出快速诊断埃博拉病毒的诊断测试并对它加以验证。这个名为 Ebola eZYSCREEN 的检验与妊娠检验形式相同，根据一滴血，不到十五分钟就能当场给出可信的结果，最为对症——以前都是 2~3 小时才能得到答案，而且是在为数不多的专用实验室里。

在另一个领域，直接观察或是对尿液或粪便样本进行培养有助于辨认导致感染的细菌、真菌以及寄生虫，这让治疗医生把治疗方法转向专门的抗生素治疗，消除致病传染性病原体。

在已经很长的列举中最后再加上生化分析，它的使命是对我们机体中的血液和尿液在化学反应后产生化学元素的浓度进行测量，比如离子（铁、镁、钙离子等）、电解质（尿素等）、脂类（胆固醇等）、糖类（葡萄糖等）、蛋白质（白蛋白等）、维生素、激素，还有表示癌细胞可能存在的肿瘤信号。

所有这些分析都是很宝贵的，需要尽可能最快地做出可信度高的分析以便给出正确的预测。

通常情况下，需要几个小时甚至一天得到完整的结论，我们在后面会看到未来分析的目的是把这个期限缩短到一分钟，超过医学化验室。

但是，这一切如果不涉及主要的分析方法，DNA 测试分析就是不完整的。

脱氧核糖核酸（DNA）是遗传信息的载体，由两条互相缠绕的双螺旋互补链构成，每一条互补链由四个核苷酸碱基序列构成：腺嘌呤、胞嘧啶、鸟嘌呤和胸腺嘧啶，它们按照精确的串联顺序排列，与遗传信息相一致。双螺旋结构让两条互补链在细胞分裂的时候能够分裂和复制成两个一样的分子。

在复制的时候，人体细胞中的遗传信息也会传递。

实际上，DNA 的互补链是我们细胞染色体的主要组成部分，每个细胞核包含 46 个染色体，分成 23 对。在我们的概念里，我们从父亲母亲那里各得到 23 个染色体，因此，我们会有和双亲一样的遗传基因。

通过对样本（血液、头发、唾液……）中染色体 DNA 互补链的提取，就能分析核苷酸序列，某些序列被复制几倍，倍数很精确（在 5~50 倍之间），这一复制直接与从父母遗传过来的基因有关。对比核苷酸序列就能证明或推翻亲子关系，可信度为 99%。

现在，花费不到 100 欧元的钱就能做亲子鉴定，法国对亲子鉴定进行严格管理，因为DNA测试能够扰乱人们的生活，有可能在深层次上改变我们的社会。

但是，DNA测试的另一个主要功能是在病理方面进行理解和鉴定。

遗传信息，就像我们头发和眼睛的颜色，是以基因的形式由染色体携带的信息：DNA片段可以表示出来，也就是说根据个人的先天素质和他所处的环境，基因通过产生作用于我们代谢的相应蛋白质起到作用。在某些情况下，DNA会出现异常，是基因编码的错误，那么相应的基因就会表现得不正常，扰乱代谢，引起我们所说的"遗传病"。

DNA分析就是用于鉴定遗传病的。

最臭名昭著且容易被识别的是唐氏综合

征，实际上，对这个病来说，一般的分析就没有用了。对染色体的直观计算显示出第 21 对染色体其实是三重的。二十年以来对 DNA 序列的化学分析能够对疾病进行识别和分类，有时候是很罕见的疾病，根据某些出现或缺少的基因来判断，如先天性黏液稠厚症、进行性肌萎缩或是卢伽雷氏病。

为什么某些基因是显性的，其他的则不是呢？这是研究者还不能给出绝对答案的一个基本问题。从信息的角度看，DNA 是我们代谢的程序，我们生活的方式——我们吃东西的方式，身体活动和日常生活中压力的大小——我们周围的环境（指的是我们生活的地方，污染程度也与之相关）会使得某些基因是显性的，其他的则不是。

在 20 世纪末，已经在分析方法上取得的进步激起了研究者破译我们基因密码的欲望，这是很有意义的。2000 年，对一个人做完全的 DNA 分析，也就是绘制他的基因图谱，也叫做基因组，要花费 20 亿美元，2015 年，花费 1 000 美元就可以分析你基因密码中三万个基因的特点，可以识别罕见的基因疾病，并据此提出基因疗法，也就是你的基因修补方案。

分析 DNA 可以让人存活得更久，因为你的基因组绘制水平已经可以让你直面遗传病的病因。

特别是对于"遗传性"癌症，像乳腺癌、结肠癌、甲状腺癌或是神经退行性疾病，比如阿尔茨海默氏症。在你最喜欢的平板电脑上，可以存储 46 个染色体的分析和图谱，这仅仅是在数据方面：我们通过它会看到上述病状有多方面的原因，与先天的基因和整体的生活习惯都有关，这一切导致了疾病的出现。

对于欺诈和不法行为：警察都干了什么

电视剧使欧美法医的传奇经历深入人心，电子显微镜、质谱仪和 DNA 测试帮助警察将坏人绳之以法。

　　恐怕会让你失望的是，真正的法医实验室没有迈阿密和拉斯维加斯专家的实验室构造复杂，然而它们所用的材料却是完全一样的。

　　我们会明白 DNA 的分析是个人身份证。但回望过去，1832 年，犯人的铁牌子标记被能记住长相的警察代替，很快又被质量不同、描述嫌疑犯体貌特征的照片代替。1882 年，阿方斯·贝蒂隆丰富了测量数据，创造了"人体报告"。它以警察对 20 岁以上青年的 9 种测量数据为基础，其中骨骼的数据是最稳定的。这些数据分别是臂展（从一个胳膊的一端到另一端）、身高、上半身的长度、脑袋的长度和大小右耳的长度、左脚的长度、左肘部的长度和左中指的长度。

　　为了丰富这些测量数据，左虹膜的颜色被

加进去，所有的这些元素都被记在体貌特征身份卡上。根据精确的分类，如果一个嫌疑人被测量过，那么他就会很容易被认出来。

自 1896 年起，贝蒂隆就知道他的这个系统中应该有亨利·高尔顿的发现，这位先生是博物学家查尔斯·达尔文的表弟，1892 年他发表了一篇论文，证明了一个人的指纹是独一无二的，因此，指纹可以算是一个有效的识别工具。1902 年，在法国，这种分析手段成为识别犯人亨利·莱昂雅伯的第一个主要手段，亨利·莱昂雅伯是臭名昭著、犯下一系列杀人案件的罪犯。

这一论证对现代科学，尤其对化学，以及对警方的调查都做出了显著贡献。1910 年，埃德蒙·罗卡在法国创立了第一个法医实验室，是现在国家法医研究所的前身。

在国家法医研究所的日常工作中，法医将罪犯在犯罪现场留下的指纹和掌纹与嫌疑人或已经定罪的犯罪分子的痕迹做对比分析。这一痕迹是把嫌疑人或已经定罪的犯罪分子的手蘸上墨以后按在纸上，显示出完整的轮廓，这是在地方警察局实施的。

在案发现场，指纹会在多种载体上出现：木头、纸、塑料、玻璃甚至是皮肤上出现。根据载体的种类和状态以及痕迹存在的时间，侦破方式会有所不同。

同轴入射光是可以在掌印上放出光线的光学手段；载体反射光，轮廓使光束漫射，没有化学反应，也能构造一个关于痕迹的精确画面。因为载体不反光，不能进行光学分析，所以化学分析就是必需的，氰基丙烯酸酯蒸汽技术经常被用于法医鉴定，因为它可靠，易使用，价格便宜。氰基丙烯酸酯蒸汽与掌印留下的皮脂腺的分泌物发生化学反应，加上手掌的潮湿，就形成了白色的固体——聚氰基丙烯酸酯，它使痕迹可以被看见，可以被分析。

一些彩色粉末，如茚三酮液（或者是 2.2 - 二羟基、 - 1.3 - 茚满二酮）。

碘蒸汽、氨基酸多肽荧光分析试剂（1.8 - 二氮 - 9 - 芴酮）或者是硝酸银，有着相同的技术，均适用于各种载体，干的或湿的，有些还要用到随后的 DNA 分析。

对于高效性而言，两个人有一样指纹的概率是一万亿分之一：这对于人口（70 亿）来讲比例太小了。然而这个效果会受掌印样本的影响而发生变化，也会导致显著的偏差。几十年以来，法医用的都是 DNA 分析。

2012 年，从法国国家法医研究所里抽取的 56 000 个生理痕迹文件中，有 64% 的是关于基因分析的，这是从事技术和科学的警察的进步，就像在电影院里，在现实生活中犯罪调查很有可能用 DNA 分析，从偷窃、入室盗窃到强奸和谋杀。

这个分析是怎么做出来的呢？

为了分析一个 DNA 样本，首先要用溶液把它与载体分开，分子和特殊的寄生物会在溶液里面，因此提纯这一阶段是必需的，提纯的 DNA 数量会很少，要经过放大这一阶段，叫做聚合酶链反应（PCR）。这个是在细胞分离时常有的模拟阶段，DNA 片段被复制，也就是说像用复印机复印过一样。

聚合酶链反应发生在三个连续的阶段，首先变性阶段让两个 DNA 链在 95 度的热度下分离，接下来，在 50~60 度的温度下的杂交阶段，让核苷酸分子——所谓的"导火线"——固定在 DNA 片段上，进行复制。

最后插入聚合或延伸阶段，在里面加入酶，就是 DNA 聚合酶让核苷酸序列分开然后聚合，形成一样的 DNA。

通过在每个阶段使 DNA 的数量翻番，试管里就会有几十亿复制的 DNA，用这个方法能对含有至少几百个细胞的样品进行分析，大约十亿分之一克。

给人留下深刻印象的是 2009 年英国法医学服务机构研发出了"DNA 增长"，这一运用聚合酶链反应的技术让法医在混合的样品里区分不同的轮廓，是一个复杂的程序，举个例子来说，把很多从烟头中提取的样本的基因轮廓分出来。

在法国，很多起犯罪案件都是借助 DNA 分析结案的。1996 年 7 月，13 岁的卡罗琳·迪金森被奸杀，这一案件使得人心惶惶，第一嫌疑人是一个警察，在两星期后被排除嫌疑，这多亏了 DNA 测试。在与案件有关、人口庞大的伊尔-维兰小镇，进行了 3 700 个测试，经过八年的调查，最终通过 DNA 分析，一个西班牙长途汽车司机弗朗西斯科·阿尔塞蒙特斯被确定有罪。最近的乔治·盖伊案件，还有艾洛蒂·库利克案件，同样用 DNA 分析把杀人犯绳之以法。

由于科技的不断发展，现在的分析手段

能够对以前的样本，以前的巨大案件，破获的或者是没破的案件进行分析，如英国的冷血案件……

指纹鉴定现在变得没用了吗？如果你认为电话或者笔记本电脑要用你的指纹启动的话……也不是绝对没用的。

要说得特别完整的话，化学分析不仅是司法案件的工具，在我们日常生活中，它也被用于揭露另一种灾祸——经济上的或者社会上的：欺诈和伪造。

最大的欺诈手段涉及每年的七月份我们的美好回忆——环法自行车赛，这个赛事的欺诈手段就是兴奋剂。

法国反兴奋剂机构是一个独立的公共机构，根据 2006 年 4 月 5 日颁布的法律创立的，旨在反对兴奋剂以及保护运动员的健康，它拥有一个分析部门，唯一一个被世界反兴奋剂机构认可的法国实验室。

每年，这个部门用特殊程序分析9 000个尿液样本和1 500个血液样本。

世界反兴奋剂机构以公布和更新禁用物质的列表为使命，这些禁用物质包括蛋白合成激素，肽类激素、生长因子和相关物质、β-2受体激动剂、荷尔蒙调节剂、利尿剂和其他的掩蔽剂，以及毒品、大麻素、糖皮质激素、β受体阻滞剂，通常就是没有被批准用于人体治疗的所有物质。

对样本的测试经过三个阶段：第一阶段是筛查，然后确定有嫌疑的物质，最后是为了使结果长期有效的特殊分析。

快速地筛查是一个重要阶段，要对 400 多个具有不同理化性质的化合物进行检测，在尿液里这些化合物以化学的状态存在，浓度不一样，分析需要在 10 天之内做完，需要有很高的可信度。为了符合以上要求，法国反兴奋剂机构用气体和液体色谱还有质谱仪，每天对将近 70 个样本进行分析。色谱法是分离化学物质的一项技术，在气体或液体柱里，以含有需要分离分子的动态（液态或气态）和静态物质的不同特性为基础，一旦被分离，化合物要被注射到质谱仪中，以便通过测量它们的质量，精确地进行鉴定。

因为快速的筛查阶段会产生可疑的结果，所以加入了确认阶段，这个阶段有纯度进一步提高的样本，还有经过改进的萃取方法。根据可疑兴奋剂分子，选择分析类型和分析工具（然而，如今，在禁用物质的列表中，确认手段和描述分子的数量并不相同）。最后，为了对像类固醇或胰岛素这类物质进行提纯，描述这些特殊分子的特性，特殊的分析是必需的。

反对兴奋剂的斗争是经常性的活动，因为需要取得分析的可信度去避免误报，减少分析时间，同时对兴奋剂分子和策略进行长期监测。一位既是化学家又是毒理学家的朋友有一天和我讲了一个令人振奋的故事。

一位著名的自行车运动员在一次环法赛事期间受到怀疑，但做过的分析没有显示任何兴奋剂成分的痕迹，于是分析人员向我的朋友咨询，很快他对这位自行车运动员血液分析里高含量的酞酸盐感到很惊讶。酞酸盐是存在于某些聚合物中的分子，尤其是存在于塑料里，这些塑料是用于生产输血袋的。有办法了！用化学分析就会很容易知道这位运动员进行了非法的自动输血，我们从来没有怀疑过化学家。

日常的欺诈涉及食品，与我们健康有关的食品，还有化妆品。我在向农副产品工程师学习的过程中，尤其对竞争、消费和反欺诈总局的专业人员讲授的课程很感兴趣。

竞争、消费和反欺诈总局和海关实验室在法国有11个实验室，它们有同样的业务，那就是对我们所消费的食品从健康和合法的角度看是否合格。蒙彼利埃实验室的工作人员给我讲了一些难以置信的故事，我能记起来的其中一个故事是关于橙汁的欺诈。在全世界，每天早上数百万升橙汁在早餐的时候被消费，从浓缩和再稀释的包装浓缩橙汁到瓶装的鲜榨果汁，这里面存在巨大的价格差，如果你按法国南部一升鲜榨橙汁的价格卖一升巴西浓缩橙汁会怎么样呢？那样不仅会使销售商得到巨大的利益，而且这种食品技术可以欺骗消费者，而消费者却一无所知。

幸运的是，化学的作用依旧如此，让我们谈谈同位素分析，门捷列夫的元素周期表对应的是原子，也就是说对应材料构成的元素。原子由核（原子核），包括质子和中子构成，围绕着原子的是电子。通常来讲，化学元素不与原子对应，但与一些同位素是对应的：它们有同样多的质子和电子，但中子数量不同。

有些元素，像铀，同时拥有稳定和不稳定或放射性的同位素，稳定的同位素不随时间的变化，不稳定的同位素会表现出质子和中子的不平衡。

比如，如果有太多的中子，随着时间的变化，质子就随着时间的变化而蜕变以使同位素稳定，这一蜕变伴随着辐射：天然放射性，对于碳来说，大多数碳的稳定同位素有 12 个中子，但也存在有 13 个中子的同位素（是稳定同位素），或者是 14 个中子——著名的碳 14，是不稳定的，即具有放射性。色谱法和质谱法从量上能测出给定元素的每个同位素的浓度，那么计算同一个有机元素的稳定同位素浓度比是有可能的，这个浓度比被叫做"稳定同位素浓度比"，包括氢 2/ 氢 1、碳 13/ 碳 12、氮 15/ 氮 14、氧 18/ 氧 16。每一个元素稳定同位素的比例随着样本采集地点的不同而不同。

　　植物由它直接从环境里吸收的碳构成，同一个植物，生长在完全不同的环境里，它的碳13、碳12同位素浓度比是不同的。这里有一个好的方法鉴别植物原材料的来源：只需把它们的同位素浓度比与全世界数据库里的数据相比较就够了。

　　巴西的水使大量好吃的橙子得以生长，这个水中氧18/氧16的同位素浓度比与法国用来浇灌的水的同位素浓度比是不同的。如果在巴西鲜榨橙汁里，竞争、消费和反欺诈总局的实验室测出法国水里的氧18/氧16的同位素浓度比，这样就能肯定我们面对的浓缩果汁其实是被再稀释过的，这对我们的健康来说没有危险，但我们的钱包就有危险了。

　　30多年以来，为了追查果汁、蜂蜜、蜂王

浆和香料中香草方面的诈骗行为，标准化的分析同位素浓度比的方法已经被开发出来并被公布。在化妆品方面，同样的分析用于鉴别多酚、花色素、强大的抗氧化剂、精油或角鲨烯油，还有在大量美颜霜中存在的水合皮肤的润肤剂。

同位素分析也不是绝对正确的，欺诈者也没有完全失望。

为了控制我们的环境：
水中和空气中的测量

在我们生活的环境中，如住房和汽车中或在更广义的环境中，我们都要长期测量温度、气压或分析出现的化合物。

就像很多巴黎人和游客一样，在经过塞纳河畔朝南走的时候，有时会发现一个奇怪的可操纵的气球。

这个气球就是"巴黎热气球"，它的直径有 32 米，被垂直放置于安德烈-雪铁龙 150 米的高空，从巴黎的南部是能看到的。它吸引了很多游客到此欣赏让人惊叹的美景，从 2008 年起，它就变成巴黎空气质量的指示器。它与法国监测空气质量的独立机构法国巴黎大区空气质量监测协会有直接联系，这个有名的热气球变成了有三种颜色的景点。根据测量的空气质量，如果无污染，热气球就是绿色的；如果空气质量中等，就是橙色的；如果质量让人忧虑，就是红色的。

法国和世界其他地方一样，空气质量监测

协会会对空气进行监测，该协会由国家和公共权力机构负责，该权力机构用自动分析网络作为监测手段，还有对过滤器上样本的采集。

那么我们在空气里测量什么呢？

存在两类大气污染物：一次污染物和二次污染物。

工农业活动、铁路交通、空中运输和城市供暖……所有的这些都是一次污染物的来源，最重要的一次污染物是：碳氧化物、硫氧化物、氮氧化物、轻烃、挥发性有机化合物、微粒和金属，如铅、汞、镉。二次污染物由一次污染物里面气体的化学反应产生，在大气里没有直接排放物，尤其指的是二次粒子，对支气管有强烈刺激的二氧化氮、臭氧。

最后的分子是氧的化学变化产生的，涉及

氮氧化物和烃相接触，加上紫外线和夏天一样高的温度。在高海拔上，臭氧能保护动植物免受紫外线的侵害，但是在低海拔上，它是刺激黏膜的污染物，臭氧导致其他光化学污染物的产生（过氧乙酰硝酸酯或者硝酸盐过氧酰基、乙醛、酮等），它们使褐色的云有时滞留在大城市的上空。每年，人类活动会产生大约3亿吨粉尘，这些粉尘由细小颗粒构成，还有来自自燃的颗粒：火山活动、森林大火、沙暴……有两种主要的颗粒，PM10和PM2.5（PM是颗粒物的缩写），直径小于或等于10毫米和2.5毫米。

不幸的是，它刚好能进入肺泡，因此和二氧化氮一起成为经常被分析的物质。

目前，分析的关键在于对挥发性有机化合物，甚至量很少的挥发性有机化合物进行检测，挥发性有机化合物是碳氢化合物蒸发的时候，通过汽车的排气管或者给汽车加油的时候释放出来。它们对人的呼吸能力有影响，某些合成物像苯并芘被认为是致癌物。监测机构也对某些挥发性有机化合物进行细致分析：单环或多环芳烃。需要知道的是这里的某些分子特别是甲醛，主要出现在住所周围的空气中。

确实，它们很特别：绝对需要对住处或车内经常进行通风，因为空气污染更容易出现在我们家里：蜡烛、香、香水、洗涤产品、墙纸、地毯……这些里面都可能有。

为什么对所有这些进行测量那么难呢？因为世界的空气污染每年造成三百万人的死亡，其中在法国三万人。7%~20%的癌症可归咎于环境因素。

但污染不仅涉及空气：2003 年，8%~9% 的法国人整年都在用超过监管标准农药含量的水。现在，《水框架指令》要求水要达到这个标准：19 农药，8 多环芳烃，5 内分泌干扰物，4 有机氯物质。

作为补充，欧盟法规《化学品的注册、评估、授权和限制》也要求需要达到标准：12 农药，8 杀菌剂，3 邻苯二甲酸酯，10 烷基酚。

我们的生活在改变……除了已经提到的污染物，还有新的污染物需要鉴别和补充：因为药物含量的增加，河水里开始含有 β-受体阻滞药、镇痛药、利尿剂、止痛药、抗生素、抗糖尿病的药、精神病药物甚至是兽用抗生素……

总之，工农业活动和驯养活动会使环境里的空气、水和土壤中产生大量的化学分子。

超过 5 100 万个分子被记录在化学文摘社——一个世界科学数据库里面。

1 200 万数据用于商业，其中超过 3 万的数据每年用于超过一吨的货物，在这之中，美国国家环境保护局的研究证明最常用的 3 000 种化学物质中，只有 7% 有准确无误的材料安全数据表——43% 则没有。为了估计出哪种对人以及所处环境有已知或未知的危险，就需要能够确定它们的存在、它们的分布以及它们发生的变化。

分析化学在环境领域起着重要作用。

蒙娜丽莎的微笑？
还是化学……

在艺术领域，化学分析能考察作品的年代，也可以让人了解作品是在哪里，怎么被创作出来的，这不是为了伪造，而是为了揭开神秘问题的面纱。

　　在我参加过的多种科学会议中，有一个会议让我记忆尤其深刻。其实，比去卢浮宫，去巴黎，绕主楼一圈，在隐蔽的电梯上看行人等更不寻常的是分析化学实验室。

　　一个很困惑的游客有可能会合理地提出问题，为什么卢浮宫的卡鲁塞尔花园下面会有那么多科研设备。

　　因为艺术和科学是齐头并进的。1968 年，法国博物馆研究实验室成立，1996 年成为联合研究单位，与法国国家科学研究院化学部相连。1999 年，法国博物馆研究实验室加入法国博物馆修复处，构成法国博物馆修复与研究中心。

　　这个中心研究出大量科学手段以便达成多个目标，它能够为了精确地描述作品的特征或为了提出合适的修复策略做出分析，尤其是有新收获的作品的时候。为了做出分析，会使用许多常用的分析手段：不同光线下的摄影，红外线反射式印刷术，X 线照相术，物理化学分析……但，这次参观的重头戏是卢浮宫元素分析加速器，它是 1989 年法国博物馆研究实验室捐赠的。这个 200 万伏特的粒子加速器，是独一无二的，不会让分析损害到艺术作品。需要分析的东西被粒子，尤其是质子轰炸，这些粒子被加速到光速的 20% 那么快，它们有足够的能量与物体的原子和分子产生强烈的相互作用，直到百分之几毫米的深度。

在这个相互作用中产生新的粒子（比如 X 射线），是物体化学元素特有的粒子。卢浮宫元素分析加速器的检验器也能根据这些推断出表面和浅层的化学制图。

　　法国博物馆修复与研究中心也有与其他实验室合作进行研究，其中有我的实验室，为了增加对材料老化的认识以便改善存储条件和提高修复技术，尤其是考古学家和其他艺术史学家会用到碳14的同位素分析，借助质谱仪确定作品的详细年代。

　　之前我们已经知道化学元素或者有稳定同位素或者有放射性同位素。

　　最后这一种本身就有变成别的元素的倾向，它们会蜕变，形成另一个化学元素的同时放出辐射：这就是放射性。它们变成另一种元素需要的时间都是不同的，铀的放射性同位素用几百万年，镭只要几微秒就够了。

　　对于碳14也是一样的，经过一些时间，它会变成氮14，然后消失在周围的空气里。相比于碳 12 的稳定同位素来说，碳 14 在地球大气层的浓度只是碳 12 的一万亿分之一。

所有的生物（植物和动物）呼吸，吃进去和吸收极少量的碳 14，这个比例也叫做"同位素浓度比"：碳 14/ 碳 12=118.1 的 12 次方分之一。生物死的时候就不会再吸收碳 14，它也不会再更新。

碳 14 的原子就会慢慢蜕变，最后如果我们对比剩余碳 14 的浓度和周围碳 12 的浓度，就会推断出这个有机物在多长时间内会"死亡"。

碳 14 实际上是一个非常精准的内置时钟，放射性让我们知道一半的碳 14 在 5 730 年内按照对数法则蜕变，这是它的半衰期。具体来说，如果一个物体包含 100 个碳 14 原子，5 730 年后包含的原子就不会超过 50 个，11 460 年后不会超过 25 个（两个半衰期）。

对于这个物体的年代，只需在测好碳 14 真正的浓度以及碳 14/ 碳 12 的同位素浓度比的差距后进行相似的数学计算。现在的分析手段是不能在浓度很低的时候测量的：70 000 年之后，剩余碳 14 的含量变得极其微小，测量经常出现错误，只能测出年代的近似值。

不用怕，在这种情况下测量有更长半衰期的其他放射性同位素就够了，这更复杂但是很有用。碳 14 的手段对于有机物的年代更有用，这里碳更多，这涉及木头、布、骨头、皮、有机颜料……

所以，通过对荷兰大师伦勃朗所用绘画的有机颜料中碳 14 含量的测量，判断画作的年代是有可能的，同样也能鉴别它是不是真迹，如果赝品用了当时的颜料，即使对所用空白画布的年代进行鉴别也会辨认不出来。

知道伦勃朗怎么用原材料储存画作也是很有意思的。我们之前已经知道，总体来讲，元素同位素的化合物与产生它的地理位置有关。伦勃朗用铅做矿物颜料，用质谱仪做出对这种铅完整的分析表明一种与铅合成物不同的合成物产自荷兰，与东欧的铅合成物相近。为什么伦勃朗在远的地方储存它们呢？艺术史学家们正在研究……

那《蒙娜丽莎》呢？

当然，蒙娜丽莎也许会把它当做一位 21 世纪的年轻女人来欣赏，她大部分的秘密在于她的微笑。2010 年，在赢得第 13 届大学研究领域奖的同时，劳伦斯·德·维格里阐释他在法国博物馆修复与研究中心为论文所做的工作。

这个出色的年轻女人，我很高兴与她进行长时间的讨论，她从事达·芬奇轮廓模糊绘画手法的研究工作。轮廓模糊绘画手法，它的词源是 fumo（意大利语的"烟"），实际上是一种绘画效果，用于色彩的轮廓和颜色的变化，为了更好地突出脸部和阴影。这个意大利大师也使蒙娜丽莎的脸部得到升华，野兽派画家经常使用这一技术——釉，也就是说在颜料未干的画上再涂一层——在达·芬奇的那里得到超越，他小心翼翼地保守着他技术的秘密。

这是个很难猜透的秘密，因为对蒙娜丽莎进行破坏性的分析是不可能的！甚至通过用显微镜才能看到的微小样本：它们也许会改变釉面的完整与美丽。劳伦斯·德·维格里用三个步骤找到了揭秘方法，她用到了复杂但没有破坏性的化学分析。

首先，她确定黏合剂的化合物，这涉及一种含有稀释的颜料，在干燥的时候，硬化的液体可以形成保护膜。对于达·芬奇来说，这个膜特别耐用，因为画布没什么裂痕，特别是在阴影里。然后，这个研究员在法国博物馆修复与研究中心用了卢浮宫元素分析加速器，用离子束来分析下层画的涂层，最后，她用X线对画作进行X线照相，也就是画作覆盖的每一个涂层的厚度和化合物。

这项出色的工作针对蒙娜丽莎和其他12幅达·芬奇的肖像，产生了惊人的结果。

达·芬奇的这个技艺很大一部分在于20

和 30 层薄薄的涂层。

　　每一个涂层都包含多种化合物和相应的厚度，两个涂层干燥的时间是很重要的，是画作完美的秘密。我们现在知道了为什么达·芬奇花七年的时间画蒙娜丽莎，但是我们一直不知道的是为什么他会根据肖像的不同而用不同的轮廓模糊绘画手法，没有时间顺序排列的一致性。这位意大利大师给我们留下了许多惊喜……

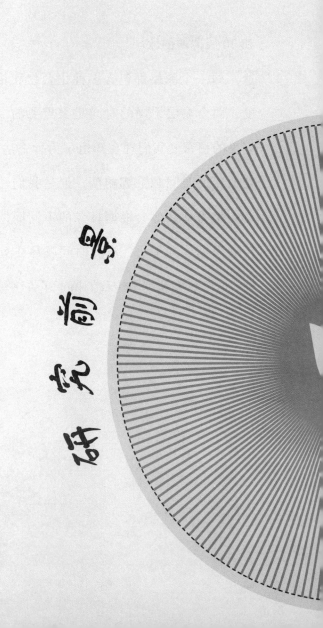

研究通鉴

激光枪

微系统

芯片上的实验室

监察

食品和药品管理

朝向无限大？
空间是最终
的边界……

科学让我们更好地认识我们的地球环境，但是，为了真正地理解我们从哪里来，为什么在那里，需要我们开阔眼界，朝无限大看，除此之外，试着去测量。

对于我们来说，2000 年初一切都开始了。

西尔万·莫里斯联系了我们部门的一些研究员，他是一位著名的法国行星学家，给我们提出了一个很奇怪的问题："激光诱导击穿光谱仪会用在火星上吗？"

出于对核工业的需要，我的部门 20 年以来已经开发了精确分析的技术，叫做"激光诱导击穿光谱仪"——一种形式的光谱学。幸运的是，原理解释起来比名字看起来更简单。用商业上的但很强烈的激光，用很短、很有力的脉冲，实际上我们需要沉淀的是与三个民用核反应堆能量相同的一种表面活性剂，在几纳秒间，也就是十亿分之一秒，积累的能量让表面活性剂的所有化学元素蒸发，形成等离子气体，气体会在几纳秒里冷却。

等离子气体里的化学元素很活跃，每一种元素在放出特有光线的同时回到平衡的状态，那么用一种望远镜接收和记录由所有发出光构成的光谱就足够了，通过与数据库和标准对比，就可以得到表面活性剂的化合物。激光诱导击穿光谱仪实时远程运行，不用对样本进行特殊准备，也就是说用激光诱导击穿光谱仪，就能对几厘米到十米的东西进行分析，从理论上来说，具有鉴定所有门捷列夫周期表的能力。对于反对的人而言，这种分析是非常有用的，我们优化了系统，以便于它可以在核领域运作，对固体、液体或气体进行分析。

未来的"激光诱导击穿光谱仪"是可携带的——吹风机形状的物体能对任何一个表面活性剂进行分析，同时留下肉眼看不见的火山口状孔，这是直径几微米的激光束留下的痕迹。这会使所有化学家还有军人感兴趣，因为可以对恐怖袭击当场进行分析。激光诱导击穿光谱仪可以用来研究金属和宝石的伪造和欺诈，最后，我们可以设想用激光诱导击穿光谱仪来快速挑选出工业废物和排放物，这项技术发展前景很好。现在，我们回到西尔万·莫里斯的问题上来。

火星上激光诱导击穿光谱仪的想法是他在对能装备的仪器进行思考的时候想出来的，这个想法变成了好奇号。

为了了解激光诱导击穿光谱仪能不能在火星上运作，我们需要在激光诱导击穿光谱仪实验室的周围搭起围墙，在里面创造火星的环境：95% 的二氧化碳，与地球上的环境大不相同，温度的变化从零下 133 度到零下 3 度。让我们高兴的是，实验结果是有说服力的，虽然我们没有在重力减少的情况下测试它的功能，但是在西尔万·莫里斯大方向的指导下，我们能成功地运用美国航空航天局的项目装备月球车，同时与众多伙伴合作。好奇号（Curiosity）是与雷诺（Twingo）一样大的月球车，有大约 80 千克的仪表分布在一些测量仪器之间，如果你在电视上或报纸上看过，你不会错过它最高处有趣的小摄像机，那是构成我们激光诱导击穿光谱仪的化学摄影机。

那么，为什么是火星上的化学摄影机呢？

应该是因为月球车上需要眼睛。这个任务的主要目标是研究火星上的土壤，确定在很久以前火星上是否有水。你很容易理解从地球上发送月球车到火星不是简单的事，尤其是发出指令到完成登陆之间等待的 45 分钟，登陆时还要加上确定这个动作是否完成的 45 分钟等待时间。把月球车从一个地方移动到另一个地方是有风险的，每动一下都要是安全的，这就需要激光诱导击穿光谱仪。在月球车周围半径为 10 米的范围内，它能 360 度对邻近的岩石成分做出分析。因此，地球上的地质学家能够独立辨别有利的成分，让好奇号按他们的方向移动，进行更仔细的分析。

2011 年 11 月，好奇号离开地球，经过数百万公里的旅行之后，2012 年 8 月到达火星。

在火星的两年里，也就是火星上的大约一年，化学摄影机成功地启动 150 000 次激光枪，这就是最后在任务中最有用的仪器，它的可行度也让我们很吃惊。

初步结果是什么呢？我不会全部提及，因为一本书是不够的。我想提起的是地质学家们已经在火星上找到河流干涸的河床，上面有和地球河床相似的岩石，是只有很热的流动水出现之后才能形成，证明了火星上有流动水的这个事实。了解这种水变成什么将让我们设想地球会变成怎样。

火星还有很多的秘密需要揭开，我们已经对进行 2020 年火星任务的设备进行思考，物理化学分析也是伟大的罗塞塔欧洲任务关注的焦点。

经过 10 年的旅程，在这个任务中，经过三次弹跳之后，平稳地把机器人菲莱放到丘留彗星（丘留莫夫－格拉西缅科彗星）表面上。对丘留彗星化学成分的研究主要是为了知道我们星球的构成和生命的出现。第一个重要的结果是我们海洋里的水不是来自彗星。那么，在像丘留彗星这样的彗星上，我们会找到更复杂的分子吗？

将来还会出现其他的挑战，辨别有和我们相似的生命居住的星球，已确定有很多可能存在的生物，各自与太阳保持理想的距离，让我们可以设想液态水的存在。现在需要研制出分析工具来辨认多种形式的生命，确定是否存在季节的循环……我们期待让人激动的发现。

朝向无限小？
未来的微型化和
微系统

为了让科学和分析尽可能贴近我们日常生活的环境，甚至贴近我们的身体，我们需要在微型化方面有更大的进步。随着我们还没有设想到的设备的使用，这件事很快将会变为现实。

就像安格鲁-撒克逊人说的那样：越少越好。

将来，在我们的日常生活中，或者更广义一点，在化学工业里，肯定存在这样一个事实，消费更少的原材料，排放更少的废物和二次污染物，高效地生产更多的产品。物理化学分析没有违背这一主旨。

我们之前知道了通过想象便携的系统，尽可能贴近分析需要的趋势，这一系统几乎会立刻给出结果。为了满足所有这些标准，唯有一个方法，就是微型化。

办法就是设计微系统，这些微系统是由微型化的平台构成，它们具有实验室的一些功能：芯片上的实验室，也叫微型实验室。

自从1990年起，生物和医学领域就是第一个引进化学总体分析的微型化系统的（微全分析系统），从对天然样品的分析到对结果最后的解读。

这实际上是聚集在十平方厘米表面的测微装置，拥有一个或一些功能：在液体的情况下分离化学元素，不同种类间的化学反应，液体的运输、检测……微系统按微电子研制的步骤被制作出来，塑料或是玻璃做材料，由微通道构成，经常是长方形或直径为几十微米的球体，那里控制液体循环——微流状是很主要的。

涉及的容积小于或等于微升，每分钟的流量大约是几微升或更少。因为量太小了，系统交换的时间和让系统保持平衡的时间被减少到了几十秒。使用他们也能减少试剂的消耗和样品的用量，最终减少废水的产生。

自从 2000 年，研究加快，尤其是分析化学和分子生物学的研究。现在，现实的应用包括传统化学分析的操作：DNA 研究，肽研究，蛋白质研究，抗体研究和糖研究。那么为什么不设想对于大流行病的诊断系统，比如流感甚至癌症的诊断系统？医疗监督的芯片实验室也可以解释成在食品健康质量的监督领域里的吗？（致病性细菌、农药的痕迹、重金属的痕迹……或者是空气污染、土壤污染和河道污染……）

药剂学研究也包括微型化技术，能够对随机选出的几千种相似的化学分子进行筛选，以便加速活跃分子的发现，这些分子构成了将来的药物。

回到我们日常生活中去，为什么不能想象在糖尿病患者的身体里移植一个微系统呢？芯片上的实验室分析包含在身体里的糖含量，如果必要的话，激活小型泵，让它打开，只是在必要的时候能够注射微量的胰岛素。

你会对我说这是科幻？不完全是这样，因为连接在智能手机上的智能手表已经充满了所有类型的接收器。

2013年，售出600万个这样的系统，从现在到2017年，预计有1亿1 200万个会被售出，年增长率可达45%。

凭借iWatch，苹果公司将会在这个理念的指导下走得更远，这个理念就是在我们的手腕上有一个系统，它可以测量和分析大量的东西，让我们身体更健康：除了电子装置之外，苹果公司把它的产品定位成真正的分析仪器。有了Healthkit这个健康平台，这个表能测量心跳、氧的饱和度、通过运动消耗的能量、睡眠的模式，还有葡萄糖的含量（苹果公司可能用了微型糖量计，不是侵入性的，不用血液样本）。

这个想法很大胆，美国食品和药品管理局对此保持高度警惕，这个管理局相当于我们的健康部。

实际上，测量葡萄糖不是一个舒适的举动，但确实是一种医学举动。为了使它商业化，有更具体的功能，这种表作为医学的仪器被美国食品药品管理局接受。这是一种文化上的革命，自从2016年起，每年就会为总公司带来100亿美元的收益。为什么不能设想测量迈出每一步的血压和身体中酒精的含量呢？这是可以设想的，我们会在下一章看到所有这些分析会在社会方面有什么影响。

同时，谷歌在做什么呢？

这个公司也不甘示弱，他们与制药集团诺华合作，研发一种针对恶性血糖的接收器。这个想法就是在隐形眼镜上植入芯片，以便实验室分析和精确测量眼泪中的葡萄糖含量。

血糖含量会发送、储存到移动信息系统里，由糖尿病患者直接控制。

为了人类健康，谷歌也会在实验室里想象其他革命性分析的微系统。这里有一小段典故，这些研究来自出过一场事故的职员……

2012年，汤姆·斯坦尼斯在骑车的时候被一辆车撞倒，医生在紧急情况下进行了确定是否有潜在内出血的检查，期间偶然发现了早期肾肿瘤。肾癌一般没有一些特殊性和经常性的征兆，一经诊断就是晚期。不幸中的万幸，汤姆·斯坦尼斯已经成功进行了肿瘤手术，然后他恢复了健康，加入了谷歌X生命科学小组，从他的不幸遭遇中得到启发，积极运用微系统概念，这个系统能对肿瘤和心脏疾病进行早期和可信度高的确认。

这是怎么运行的呢？用有磁性的金属纳米粒子，用癌细胞和脂细胞这些堵塞动脉的特殊抗体遮盖它。在血液里注入纳米粒子（以吞服简单丸药的形式），它们会在受影响的器官上集中，用便携的接收器（首先是在表里），产生磁场，那么你将很容易确认锁定形成的聚集体。前期的确认将会大大提高治愈的机率。这很容易理解，但从现在的原型出发，谷歌 X 生命科学小组还有十年的研究要做，这个研究的结果会改变疑难病的诊断，比如胰腺癌或肺癌。这也会简化癌症的术后监控，尽早确认潜在的和不良的复发。

分析化学在无限小领域的承诺一直让我幻想。

死它们失去中的香在再

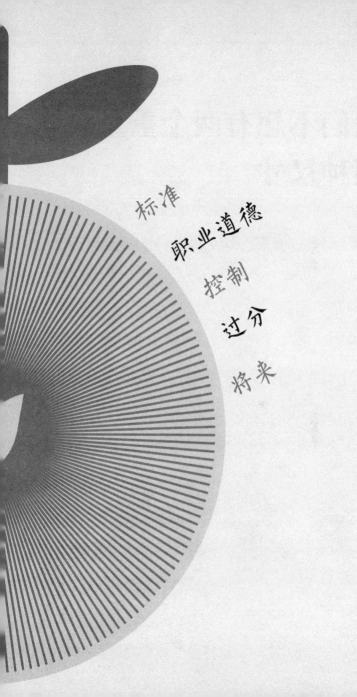

标准

职业道德

控制

过分

将来

我们不想有两个重量，两种尺寸

分析化学在所有关于我们环境和健康问题的中心，因为论战的出现，专家们的战争频发，媒体经常占有数字和结果，我们平静地破译它们是有困难的。风险就是根据人、情境和利益的不同，对一个相同的结果而做的不同分析……

分析的时效性是什么呢？

它是根据实现它的人和机体而变化的。把故意造假的分析放在一边，剩下的要在大背景下考虑。一个尺寸是即刻的限定，在一个具体的背景下，不是因为检测出你的血液里酒精含量超过标准，让你变成酒鬼。一个国家和另一个国家的标准是不同的；根据具体情况，在一个国家你可能是犯刑法的罪犯，但在另一个国家，斥责和一晚上的醒酒这样的惩罚就够了，然而它们涉及的是同一个分析。不要因为这样就下结论，认为我建议你们换一个国家去喝酒，酒后驾车可以完全不受罚！主要是思考测量的时效性，以及与健康和环境方面标准的对比。

标准是那些致力于保护个人的立法者制定的，在民主国家里，大多数情况下很容易被理解。现在，分析化学的进步已经达到元素和分子，在浓度越来越低的情况下是可探测的和可辨别的程度。痕迹测量和超痕迹测量有很大的进步，可以用来预防大气污染和水体污染。在这些现在可以实现的技术面前，立法者大大倾向于制定越来越低的标准，这会导致难以置信的后果，就像我要和你说的那样。

在核领域，污染和排放的标准是很严格的，首先我们要谈论一下这一点。根据构成核的放射性核素的含量和半衰期，废料会被确定成是高放射性、中放射性、低放射性或低活跃性。

每一个类别的废料都遵循相应的整备和存储程序，有时需要长时间确保无害。

研究员们有时用大理石的桌子，不要认为他们在室内装饰方面有奢侈的品位：这些桌子实际上是科学设备。实际上，大理石桌子呈现坚硬的特质和必要的平整度来进行某些科学实验。激光技术的发展也为它提供了支持。坚硬的大理石桌子被送到核中心，被安放在理论物理实验室里，用在很多实验中，远离所有放射性核素，使用期快到的时候就会被撤掉，被放到卡车里，为了在核中心外循环使用。

　　一旦放射性信标探测器被弄响，用来运输的卡车就会不动，研究员会试着去了解发生了什么。答案很容易被找到，多亏信标探测器有很强的敏锐性，已经探测出大理石天然的放射性。这种材料就像阿尔摩里克花岗岩，实际上，它有天然放射性，人类几千年来与这种放射性和谐并存，但是对于大理石桌子，从标准出发，是一种低放射性的废料，处理的费用比普通的循环利用物贵得多，这合理吗？同样，分析化学的进步也使我们可以测量元素和分子在气体系统或液体系统里的浓度，然而我们在 20 年前并不知道如何测量。

没有考虑到背景，对分析结果的解释有的时候就会让人以为 20 年来这些污染物越来越多，所以污染增加，实际上是我们看不见它们……

分析化学:
是经济战中的
毁灭性武器吗

在大量可能的分析结果前,得到的测量数据和结果被企业家利用,去证明他们的产品符合已有的立法,但有时候也会在不损害竞争者利益的情况下,作为销售手段。

化学污染物的威胁是永久的，农产品加工业尤其体现了这一点。

在我刚刚获得食品科学与技术工程师学位的时候，一个有关污染物的事件，被美国食品与药品监督管理局揭露了出来。1989年2月4日，在北卡罗来纳州13瓶毕雷矿泉水里发现一定浓度的苯——一种剧毒溶剂。在加尔省凡尔热兹毕雷的水源地贡巴布朗勒低地，污染物的来源很快就被确定：是由于在气化程序中所用的过滤器没有及时更换。毕雷公司立刻招回了1.6亿瓶水，然而这并不够：灾难性的危机公关加重了事态，毕雷瓶装水的形象迅速被破坏，导致世界销量的急速下降。

在可口可乐和百事可乐所在的美国，法国汽水尤其受到朝气蓬勃的年轻人的喜爱，但此时年销售量从 3 亿瓶下滑到两年后的不到 1 亿瓶。雀巢利用这个不稳定的局面对伟图-毕雷集团进行不友好地公开收购，以便最终拿到控制权。

那么这个化学毒素是什么呢？食品与药品管理局在被控告的毕雷瓶装水中检测出浓度为7%~8%的苯，现在美国的标准允许的浓度是5%，法国是 10%。1989 年 2 月 9 日，对来自凡尔热兹水源地的水进行色谱分析中表明没有任何一种苯污染物。法国健康局总主任让-弗朗索瓦·吉拉德当时指出："30 年期间半升毕雷的日常消费量的增长量只相当于百万分之一癌症发生的机率。从健康指标上看，毕雷水是不用下市的。"

这个决定可能仅仅与美国对苏打水业的保护有关。分析化学有时是可怕的经济武器。

想要测量全部的欲望是很强烈的

无可争议，分析化学的发展是显著的进步。这涉及减小我们的健康和环境所面临的风险。但这些有利的方面掩盖不了社会问题，这需要我们思考。

各种测试充斥着我们日常的生活，比如在法国，每年怀孕试纸的销量超过 200 万，大约 70% 的 25~45 岁的女性会用试纸。从没来月经的第一天开始可以测试，用的是晨尿，等待发生化学反应至少需要 5 分钟。这看起来很简单，但 60% 的女性承认不知道什么时候，怎么进行这个测试。

做医学检查变成很普通的行为，但了解它的用途和知道它的局限更好。

这也影响测试结果的可信性。化学分析在日常生活中借助一些复杂的系统陪伴着我们走过我们生命中美好的，或不美好的时光，这些系统越来越小巧，尤其是使用起来越来越简单，因为它们是非化学家使用的。然而对于化学，做到简单和可信，往往是很复杂的。

从社会角度看，我认为正是 DNA 分析的进步最多地改变了我们设想某些事物的方式。

这些测试首先用于证明亲子关系。妈妈可以确切地知道孩子的父亲是谁，进而得到抚养费；相反，所谓的爸爸可以证明他与这个孩子不存在亲子关系。DNA 分析也可以用来发现祖籍，得到被测试者的身份。在法国，每年通过 DNA 测试要处理大约 3 500 个正式的调查，不算 10 000~20 000 个私人祖籍的调查。在网上，花上几欧元你就可以做这种测试，尤其是在不知道当事人，不提取他的头发或皮肤一部分的情况下。这些测试改变了人们的生活，有时有利于维持家庭的稳定。迪迪埃·门德尔松是专门处理家庭事务的律师，他解释说："孩子不再只是欲望的产物，他变成了筹码。现在，对于一对夫妇，是孩子维持一个家庭的存在。"

那么，在讨论因被扰乱而不可扭转的生活之前，应该怀疑可疑的提取物和讨厌的职业道德。

DNA 测试也使罪犯不能再伤害人，也能使无罪的人获得自由。1992 年，巴里·谢克和彼得·纽菲尔德在美国创立一个名为昭雪专案的机构，用 DNA 测试来帮助被关押的人，证明他们是无罪的。20 年间，在美国有 300 多个人被宣布无罪，其中有 18 个是被判死刑的。在被宣布无罪之前，这些人平均被判 13 年的有期徒刑。

昭雪专案大量运用 DNA 测试使无罪的人获得自由，同时也无可辩驳地证明了不公正的判决并不是单一或罕见的事件。除了给无罪之人以自由，现在昭雪专案力图促进美国刑法系统深入的改革。2010年，由托尼·高德温导演的电影《定罪》讲述了贝蒂·安妮·沃特斯经过1983~2001年的斗争后，最终成功使她的兄弟肯尼获得自由。在法国，有一个相似的案例，那就是马克·梅钦被平反。在牢狱里度过六年多之后，被DNA测试证明无罪。它也会促成真正有罪的判决。我们希望分析化学继续改变生活，带来好的结果。

在将来我们会破译基因组。

就像我们之前看到的那样，花1 000欧元就能在电脑上看到你的基因组，显示先天致病因素。这不是没有后果。这种解释指出可能性不是确定性时，巨大的恐惧会由此产生，如果这种分析没有相应的科学解释做补充，来表示可能性不是确定的，尤其是对于与我们的环境和生活方式相关的疾病。某些美国的准父母倾向于在怀孕之前做这种检查：出于一些不好的原因。没有一对夫妇会没有理由地决定不生育……因此，我们需要这些测试的陪伴，尤其是它们遍布全世界。

想到这里，我自己暗想，将来银行家和保险人在同意 20~25 年贷款之前可能会要求你做这种测试，来确定相应的保险费。

在我们看来，要求这个人保持很高的警惕，因为我认为我们的身体属于我们，这应该是继续保持不变的。

将来的技术一定能帮助我们生活得更好，更长寿，但它也能让我们变得更暴露。

请你想一想前面的章节里提到的智能手机和其他智能手表，它们不只是用于打电话，显示时间或给我们定位，因为充满了物理化学接收器，它们也会让我们在最大程度上控制代谢。我很容易想到这其中包括几十亿的测量数据。我希望这些数据属于我们，但有些具体例子体现了在网络世界里存储的数据是很脆弱的。

在 NBIC 方面的进步——纳米技术、生物技术、人工智能（信息或机器人）、认知科学——会让我们尽早预防严重的疾病，以健康的状态变得更长寿。但这些医学诊断领域发展滞后，会伴随着大数据的持续快速增长。相关的风险可能会在我们不知道的情况下发生：我们的医学数据控制会转移到谷歌、亚马逊、脸书和苹果那里。但是，不要患妄想症而无法自拔；这不是将来：你的老板、邻居、父母和配偶能够监测你的血糖、酒精含量甚至在你的血液里出现上瘾分子，合法的或不合法的。

20 世纪的保罗·瓦莱里解释道："有两种危险不停地威胁着世界：秩序和混乱。"

我们可以改写这个大诗人说的话，在我们的这个世纪，有两种危险威胁着我们：测量和过度。我们不停地需要对我们身边和远离我们的环境进行测量，预防污染以及将要到来的气候变化，但这样的测量应该是有意义的。如果我们想测量一切，那么分析的数量就会变得过多，我们也会失去对它的控制。

无论如何，我坚信分析化学会有好的前景，随着将来技术的进步，我们会更好地认识分析化学。它涉及我们社会上很重要的方面，比如健康食品的生产、生活中的饮用水或可持续很长时间的能源。

　　分析化学也能让我们更好地理解我们周围的世界，一直到银河系的边界，我希望有一天能到达这个边界。

致谢

如果缺少朋友的智慧和亲人的激励就不会有这本书。在此，我要对以下这些人表示衷心感谢：

P. 毛西安、F. 夏尔提埃，以及鼓励我写这本书的伟大的原子能与可替代能源委员会研究员；

S. 毛里斯，J.-B.-西尔旺和 J.-L. 拉科，提供有关星星信息的研究员；

J.P. 达勒 · 蓬和 P. 杜比森给我讲了好听的故事；

R. 勒乌克基，天体物理学家和基因科学普及者；

热爱艺术和遗产的 A. 和 C. 洛斯帝-索利尼亚克；

R. 格林是我写作的伙伴；

有着天使般耐心的 J. 托马斯；

我人生中的研究员朋友和合伙人 C. 儒索特-杜比安、H.-A. 图尔克、J.-C. 鲁依斯和 B. 福尔奈勒；

还有卡罗列娜 · 列维、鲁本和萨哈德 · 雨果。对他们表示诚挚的感谢。

注释

DNA（脱氧核糖核酸）

这个很长的分子是由两条互补链螺旋环绕形成的，是活细胞的组成部分，是基因信息和遗传信息的载体。

原子

作为物质的基本组成部分，原子是使一个化学元素与另一个化学元素相区分的最小单位，它由一个核（"原子核"），及围绕在核周围的电子构成。

生物化学

是研究发生在活机体细胞内部，特别是在微生物（病毒、细菌、酵母和真菌）中的化学反应。

色谱法

它是分离液相态或气相态同质样品中的纯物质。包含一种或多种纯物质的样品是由流动相的物质（液体、气体或超临界流体）与固定相物质（纸、明胶、二氧化硅、聚合物和键合硅胶……）接触形成的。可以进行分离，是因为每种纯物质在一定速度下会移动，这取决于它的特性和在两种相态时的特性。色谱法也许是用来分析的（确定－出现物质的计量）或是准备工作（分离一种混合物组成部分）。

用碳14分期

对材料的分期是以对碳14（放射性同位素）和

碳12（稳定同位素，大部分同位素）同位素浓度比变化的测量为基础，这些同位素存在于最多有7万年历史的有机物中，我们试图对它们进行分期。

不确定域/可信限

它是与测量结果有关的参数，在一个更大或更小的领域/限度中显示分散的特征，当这些参数被重复或复制的时候就会得到数值。这种分散作用通常用于操纵器和用到的设备。

同位素

有着相同原子序数z的两个原子，甚至有同样数目的质子，但是中子数目是不同的。有些同位素是稳定的，其他的有放射性，比如氢有三个自然同位素：氕（稳定同位素），氘（稳定同位素）和氚（放射性同位素）。

激光诱导击穿光谱仪

等离子体的光谱法利用激光感应，是一种物理分析法，用来确定和从量上分析物质的组成部分。

微全分析系统

微全分析系统集合了各种微系统，这些微系统普遍有一个测微维度（长度或大小），它包括从对未加工样品分析的完整程序到解读结果的整个过程。从分析化学领域延伸出去，从起源上来说，它源于"芯片实验室"。

子（或化学结构）

是原子的集合，可以形成稳定的混合物。

专业用语汇编

聚合酶链反应

是一种涉及在几小时之内把基因物质的一部分复制成几百万个同样样本的反应，它能让我们更容易地确定一个具体的基因序列，改变它，从中找到发生的变化。它参与人类基因组的完整解码过程，可以对有些疾病进行司法辨别和诊断。

一次污染物

由特定源头直接传播的污染物——可能与人类活动有关：碳氢化合物、氮氧化合物……有可能与自然相关：二氧化硫，伴着火山灰出现。

二次污染物

不是由以上源头直接传播的污染物，而是当别的污染物（一次污染物）在环境中发生反应时形成的污染物。比如当碳氢化合物和氮氧化合物与阳光反应产生臭氧，或当二氧化硫和氮氧化合物与水反应产生酸雨。

同位素浓度比

是测量同种元素两个同位素之间的浓度比数据，这个比例不是恒定不变的，是会随着地理位置的变化有小的或很微小的变化。

光谱学/光谱测定

专用于一个物理或化学现象光谱的实验研究，是一系列分析方法，也就是说对能级的分析或是对其他一切关于能源量值的分析（频率、波长等等）。从来源上看，光谱学包括用棱镜对被研究物体发射的可见光（发射光谱法）或吸收的可见光（吸收光谱法）进行分析研究。

元素周期表

元素周期表也叫做"门捷列夫表""元素周期分类""门捷列夫图"，或简单地说"周期图"，上面有所有的化学元素，根据它们的原子序数排列。

图书在版编目（CIP）数据

化学到底可以走多远 /（法）斯特凡·萨·拉德著；葛金玲，孟新月译 . 一上海：上海科学技术文献出版社，2016
（知识的大苹果＋小苹果丛书）
ISBN 978-7-5439-7174-5

Ⅰ . ① 化… Ⅱ .①斯…②葛…③孟… Ⅲ .①化学—普及读物 Ⅳ . ① O6-49

中国版本图书馆 CIP 数据核字 (2016) 第 199972 号

De la Joconde aux textes ADN, jusqu'au ou ira la chimie by Stéphane Sarrade
© Editions Le Pommier - Paris, 2015
Current Chinese translation rights arranged through Divas International, Paris
巴黎迪法国际版权代理（www.divas-books.com）

Copyright in the Chinese language translation (Simplified character rights only) ©
2016 Shanghai Scientific & Technological Literature Press

All Rights Reserved
版权所有·翻印必究

图字：09-2015-808

责任编辑：张 树 王倍倍 封面设计：钱 祯

丛书名：知识的大苹果＋小苹果丛书
书 名：化学到底可以走多远

[法]斯特凡·萨·拉德 著 葛金玲 孟新月 译
出版发行：上海科学技术文献出版社
地 址：上海市长乐路 746 号
邮政编码：200040
经 销：全国新华书店
印 刷：昆山市亭林彩印厂有限公司
开 本：787×1092 1/32
印 张：3.5
版 次：2017 年 1 月第 1 版 2017 年 1 月第 1 次印刷
书 号：ISBN 978-7-5439-7174-5
定 价：18.00 元
http://www.sstlp.com